誰改變了世界？

7

4個科學先驅的故事

⟨⟨ **Franklin** ⟩⟩

⟨⟨ **Jenner** ⟩⟩

錄

捕電者 富蘭克林

噹！噹！噹！

洪亮的鐘聲從**教堂鐘樓**一直響着，夾雜了從陰暗天空隱約傳來的**雷鳴**。

突然，一道閃光劃破天空，緊接着「轟隆」一聲乍響，鐘樓的尖頂瞬即爆出**火花**。之後**火苗**迅速變大，並往下蔓延。不一刻，鐘聲戛然停止，**濃煙**從教堂中殿的大門冒出，玻璃窗戶也顯現**熊熊火光**，途人見狀紛紛叫嚷起來。

「**着火了！聖堂着火了！**」

「人來啊，快來救火啊！」

不少人立即跑到井邊**提水**，再傳給身邊的同伴去救火。然而，火勢實在太猛烈，整座建築物很快已陷於火海中，部分更**倒塌**下來。

經過半天，大火終於完全熄滅。

「上帝啊……」人們面對一片**頹垣敗瓦**，不禁**茫然若失**。不過，也有人看着如此淒慘的情景，卻想着不同的事情。

「雷電的威力果然厲害，究竟要怎樣才能避過它的襲擊？它與一般的電又有甚麼不同呢？」班哲文·富蘭克林*(Benjamin Franklin) 的腦子正不斷思考。

這位18世紀著名的美國開國元勳亦是出眾的發明家。眾所周知，他製造出避雷針，從此保護各建築物免受雷擊。不過大家又是否知道，他的貢獻並不止於此。

*或譯作「本傑明·富蘭克林」或「班傑明·富蘭克林」。

印刷工生涯

1706年，班哲文·富蘭克林（下稱「富蘭克林」）生於**波士頓**，在家中排行十五，上有超過十個兄姊，下有兩個妹妹。父親喬塞亞於1683年從英國移居美洲後，以**蠟燭匠**為業，兼製造肥皂，雖收入不豐，但足以養活家人。

小時候的富蘭克林**好動活潑**，常與同伴到河邊游泳或划船。有一次，他察覺只要增加**撥水的面積**，就能游得更快，於是自行製造一對手蹼和腳蹼提升速度。另外，他亦對風箏**情有獨鍾**，曾試過一邊仰臥在河面，一邊用手放着風箏，讓

其拉着自己隨風漂蕩。

　　8歲時，他到一所**文法學校**讀書，成績不俗，可惜在大約一年後卻被逼**輟學**。原因是家裏人口多，父親無力負擔學費。於是，富蘭克林就在父親的蠟燭店**工作**，學習製造蠟燭。其間，他須幫忙熬煮難聞的牛脂肪、小心修剪燭芯、把滾燙的牛油倒進模子，又要當跑腿和打

雜，非常辛苦難過。後來父親有見及此，便與他到街上觀察木工、泥瓦匠、鋼刀工等，看看有哪些職業適合他。

結果於1718年，12歲的富蘭克林在哥哥詹姆斯手下當印刷學徒。與此同時，由於印刷廠時常印製書籍，他亦有機會接觸各種書本，滿足求知的欲望。

因他與其他書店學徒交好，又得以借書閱讀……

「記得明天早上還啊，若被師傅發現了，我就**大禍臨頭**了。」一個少年把一本厚如詞典般的書交給富蘭克林。

「放心吧，今晚我就能**啃掉**它。」富蘭克林摸摸書的封面道。

「你也看得真快呢。」少年**叮囑**說，「對了，記緊別弄髒書，否則賣不出去啦。」

「知道了。」

後來，他聽說**素食**能令人頭腦更清醒，遂改而只吃馬鈴薯、玉米粥、麵包等，又**從不喝酒**，這樣還可省下不少錢來買書。另外，他又閱讀報章《**旁觀者**》*，被其優美的文筆吸引，遂刻意模仿練習，由此練就出好文筆。

1721年，詹姆斯創辦《新英格蘭報》。富蘭克林為一試「身手」，就悄悄地**匿名投稿**。他以一名虛構人物「塞萊斯·杜古德夫人」*的名義，對社會時事**嬉笑怒罵，針砭時弊**。其成熟而幽默的風格吸引了許多讀者，有一次他的文章甚至登上了頭版呢！

不過，後來他因與哥哥**意見不合**，便偷偷離開波士頓，到其他地方創一番事業。1723

---

* 《旁觀者》(The Spectator) 是於1711年3月至1712年12月出版的日報。
* 「塞萊斯·杜古德夫人」(Mrs. Silence Dogood)。

年他乘船去**紐約**找工作失敗，便改往費城，當到達目的地時，口袋裏只剩下兩個銅板，一貧如洗。幸好，最終他在一間印刷商店找到工作。

及後，富蘭克林決定**自行開店**，並前往倫敦選購設備，其間在另一間印刷公司工作，至1726年才回國。當一切準備就緒，1728年他終於開辦自己的印刷所，業務蒸蒸日上，1729年又收購《賓夕凡尼亞報》，開展報業。他親自撰寫各種文章，辦得有聲有色。

此外，1727年他與一些商人同伴組成俱樂部「共讀社」(Junto)，一起討論時事、科學、道德等話題，旨在自我提升。後來他提議每位成員將自己的書籍送到俱樂部所在的房子，讓大家**互相借閱**。此後他每天都挪出一兩個小時讀書，甚至學習其他外語，彌補自己早年失學的不足。及後他進一步推廣，於1731年促成創辦美洲殖民地第一間圖書館——**費城圖書館***，後來其他城鎮也競相仿傚。

另一方面，為了增加收入，自1732年他化身理查・桑德斯，每年出版著名的《窮理查年鑑》*。它甫一出版就成為風行歐美的**暢銷書**，每年銷售近萬冊，使富蘭克林獲利豐厚。

---

*費城圖書館公司 (Library Company of Philadelphia)，最初是須收費的會員制圖書館。目前藏有約50萬冊書籍及16萬份手稿，並開放予公眾免費使用。
*《窮理查年鑑》(Poor Richard's Almanack)，至1758年完結。

▶「年鑑」或稱「曆書」，當中匯集了一年內的統計資料，內容幾近無所不包，例如月亮圓缺的日子、潮汐起落的時間、季節性的天氣預報等，也會收錄一些詩歌、諺語警句、實用家務指南，甚至是小遊戲。

在《窮理查年鑑》中，富蘭克林收錄許多格言，以導人向善、勸勉勤奮節儉，當中有許多是根據古時雋語簡化轉換而成的。後來他將部分內容匯集編輯，寫成〈財富之路〉。一些格言如「說得好不如做得好」(Well done is better than well said.)，直至今日依然使用。

報紙與印刷令富蘭克林名成利就，生活安穩。於是，他轉而發展其他事業，其中一項就是進行各種科學研究。

風箏捕電

富蘭克林認為科學研究應該以**實用**為本，而且有益於人。1742年，他發明一種**壁爐**，聲稱可節省燃料，提升效能，還能減少煙霧飄進室內。

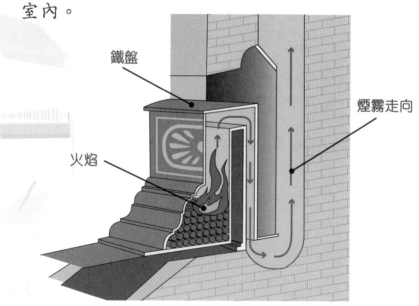

鐵盤

煙霧走向

火焰

火焰令壁爐頂部的鐵盤加熱，同時下方的空間則有通道抽取地下室的空氣，藉此產生空氣對流，因而將煙霧引入後方牆間的通道，最後經煙囪排出。

次年，他在**波士頓**觀看一場實驗表演，由此對**電**這種神奇的能量產生興趣……

「午安，各位先生女士！」一個**西裝筆挺**的男人站在布幕前方，向觀眾朗聲道，「鄙人斯賓塞*，來自蘇格蘭，今天為大家展示各種新奇的**實驗**以開眼界！」

接着他拉開帷幕，只見一個約8歲的**男孩**凌空吊在天花板下。其腰部和雙腿都以絲帶繫着，右手拿着一枝短棍，棍上則繫了一顆**象牙球**，球的下方還放了一個盆子，裏面有些**紙屑**。

這時，斯賓塞拿着一根**玻璃管**，用絲絨布使勁地**摩擦**了好一會兒，道：「神奇的一刻

*阿奇博爾德‧斯賓塞 (Archibald Spencer，1698-1760年)。

17

要開始了！」

當他把玻璃管碰觸男孩的頭部時，男孩的**頭髮**竟**豎**起來了，盆中的紙屑亦隨即**徐徐飄起**，附在象牙球上。然後，他又將玻璃管往男孩的褲子輕輕一掃，竟閃出了一絲**火花**。

「噢！」觀眾皆**嘖嘖稱奇**。

▲這實驗稱為「摩擦起電」，受到摩擦的玻璃棒充斥着正電荷，一旦接近男孩就會被其負電荷吸引，連帶附近具負電的物件也受影響，吸附其上。同時電荷產生流動，形成微弱的電流。

　　這場表演令富蘭克林大感好奇，他回到費城後對其**念念不忘**。那時，好友兼英國皇家學會成員克林遜*剛巧寄來一份禮物——一根玻璃管以及實驗說明書，還有些關於電學知識的書籍。於是，富蘭克林**依樣畫葫蘆**，進行試驗，且漸漸得心應手。

　　其間，他對電深入研究，提出電可分成**正**與**負**，並以符號「**＋**」和「**－**」表示；又發現天上的**雷電**與一般的電具有相似特性，如兩者都會發光、速度很快、可彎曲前進，還有易被尖狀物吸引。他曾將一根尖狀物碰觸一個充了電的**鐵球**而引發火花，但若改用**軟木塞**等其他物件卻無法做到相同效果。另一方面，雷電亦

*彼得・克林遜 (Peter Collinson，1694-1768年)，英國植物學家。

經常打中建築物**尖頂**，引發**火災**。那麼，若明瞭雷電的本質，是否就能避免其攻擊？

1749年4月，富蘭克林提出有關雷電的理論。他認為雲內有大量水蒸氣，水蒸氣帶有**正電**和**負電**。當雲飄到大樹或有尖頂的建築物時，那些尖頂就很容易**吸引**雲中的電，雷電遂打到尖頂上了。

他構思了一個**實驗**。在高塔尖頂放置**絕緣箱子**，並連接一枝20至30英尺高的**鐵杆**。杆的頂端須很**尖銳**。當帶有雷電的烏雲經過時，便將電釋放至鐵杆，因而引發**電火**

花。試驗者站在絕緣箱子上，用金屬線圈接近鐵杆，電就會傳至線圈。

富蘭克林將構想寫成信件寄給克林遜，由對方交予皇家學會，並在雜誌刊登。後來法國皇帝路易十五得悉內容，就要求屬下的科學家進行試驗。1752年5月，他們果然成功得到電火花，證明富蘭克林是正確的。

只是，在大西洋另一岸的富蘭克林並未知情。據說他本想以鎮中正在修建的教堂尖頂試驗，不過工程遲遲未能完成。最後他決定不再等待，在6月改用另一種非常大膽而危險的方

式……

　　當日富蘭克林從窗戶看着天空，大片**烏雲**正向着己方伸展過來，遠處更響起微弱的**雷鳴**。他察覺時機來臨，便取出那隻掛了一把**金屬鑰匙**的**風箏**和一個用於儲電的**萊頓瓶***，向兒子説：「威廉，今天我們去做**實驗**吧！」

　　二人走到屋外的一個木棚附近，聽見天空**隆隆作響**，更落下雨來。威廉一面握着包裹了蠟的手把，一面扯着麻繩風箏線向前**跑**，很快就將風箏放到空中。這時已站在棚內的富蘭克林叫道：「**快過來啊！**」於是威廉立即牽引那條被雨水完全沾濕的線，急步走進木棚中避雨。

*萊頓瓶 (Leyden jar) 是一種能儲存靜電的玻璃瓶，由荷蘭科學家彼得·凡·穆森布羅克 (Pieter van Musschenbroek，1692-1761年) 於1746年在荷蘭萊頓發明，因而得名。

富蘭克林將萊頓瓶與線尾的鑰匙連起來後，就默默觀察那塊在空中飄蕩的風箏，一動也不動。

突然，一道白光在眼前閃現，緊接響起震耳欲聾的「轟隆」聲，嚇得威廉想掩住耳朵。

「別動！」富蘭克林喝道，絲毫沒被那霹靂巨響影響。他低下頭來，竟發現風箏線上的細絲都豎起來了，就像當年那個男孩的頭髮

因被電吸引而豎起一般。另一方面，鑰匙也爆出了少許火花。

「果然如此，雷電真的從天上流下來了。」他興奮地喃喃自語，「若將一枝尖銳的金屬杆安裝在房子頂部，再連接導線至地面。打雷時，金屬杆就能收集雷電，並透過導線傳到地下，房子就能受到保護了。」

同年10月，富蘭克林發表了第一份報告，公佈實驗成功。後來，他將避雷針安裝在自家屋頂，又說服費城居民在高層的建築物裝設這款避雷裝置，免

受可怕的雷擊，亦減低了**人命傷亡**的機會。

▼雲層下方充滿了負電荷，並受到地面的正電荷吸引，循最短路徑流去。故此，雷電多會打在高塔、樹木等較高而尖的物體。

1753年，他出版《實驗與觀察補編》，次年又出版《電的新實驗與觀察》一書，引起歐美等地學術界的**關注**。同年，哈佛學院與耶魯學院向他頒授榮譽學位，英國皇家學會亦授予金質獎章，以表揚其對**電學的貢獻**。

其他貢獻

除了避雷針，富蘭克林還有多項發明。1752年他設計了一款以銀製成的**導尿管**，為患有膀胱結石的哥哥舒緩病情。此外，一種**樂器**的改良與製造更顯示其科學與音樂的才能。

事緣1761年，他在倫敦欣賞一場以特殊樂器演奏的音樂會。該樂器由多個大小不同的**高腳玻璃杯**構成，表演者以濕潤的手指**摩擦**杯緣而發出美妙的獨特聲響。只是，他想到攜帶多個杯子並不方便，遂着手改造，並於一年後設計出新款式，命名為「armonica」(**玻璃琴**)。

玻璃琴由37個**玻璃碗**構成，所有碗皆呈

水平擺放，並以一條**轉軸**串連起來，而轉軸連結着琴下方的**踏板**。琴手只要踩下踏板轉動玻璃碗，再以沾濕的手指在碗緣**摩擦**，就能奏出優雅的樂曲。

▲玻璃琴於18世紀風靡一時，莫扎特、貝多芬等著名作曲家都曾為其譜曲。只是到19世紀初便逐漸衰落，主要原因是玻璃琴的聲音不夠響亮，不適合在日益寬廣的演奏廳內使用。

另外，富蘭克林也活躍於政治、教育等不同領域。1749年他創建**費城學院**（亦即賓夕法尼亞大學的前身）；1751年當選賓夕法尼亞州**議員**，為北美殖民地的居民謀求最大利益；1753年更被任命為**北美郵政管理局**聯合副局長。

因職責所在，他對郵務十分關心，並注意到一件**古怪**事情。他發現從英國出發到美洲的郵船竟比朝相反方向前進的商船**慢**了2週，以致信件未能及時送達。不過，兩者的航行路線大致**相同**，為何航行時間會出現**差距**？

富蘭克林為此詢問堂兄兼捕鯨船船長福爾傑，才得知大西洋有一條自西向東的**洋流**，若船隻在洋流上「**逆向航行**」，就會變得較

慢。所以，一般船隻都會避開洋流，但英國郵船卻故我依然，以致效率不高。

　　那時富蘭克林為完成各項工作，須頻繁來往英美兩地，**因利乘便**，就決定與其他船長一起系統地**測量**洋流的準確位置與範圍。1768年，他將洋流命名為「**墨西哥灣流**」，並繪製出分佈圖，建議郵船船長加以避開，縮短航程。

▼富蘭克林繪製的墨西哥灣流圖

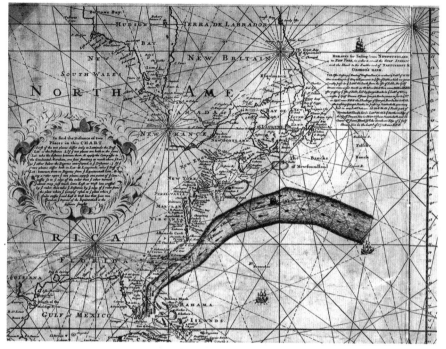

▲墨西哥灣流是地球上最快的洋流,起源於墨西哥灣,經佛羅里達海峽北上加拿大,再沿北大西洋進入北極海。這條洋流還有兩條分支,分別流向歐洲與西非海域。

　　另一方面,自1760年代起,北美殖民地與其宗主國的英國因稅項問題,導致關係日益緊張,最終引發**美國獨立戰爭**。富蘭克林支持合眾國成立,四出奔走斡旋。後來他前往法

國，與宮廷達成**秘密協議**，聯合抵制英國，對立國之事起着重要作用。1776年，他被任命為美國起草獨立宣言成員，成為美國重要的**開國元勳**之一。

富蘭克林在各方面**成就斐然**，得益於其**勤奮正直**、**提倡實用**的性格。正如他在《窮理查年鑑》中就有一句著名的格言：「**若不努力終一無所獲。**」(No gains without pains.)

免疫學之父
愛德華‧詹納

略略略。

一名**西裝筆挺**的男人站在一間村屋前，輕輕敲門。不一刻木門打開，一個農婦從後露面，**欣喜**地道：「噢，詹納醫生，你終於來了。」

「午安，洛克太太。」詹納打了招呼，跟對方走進屋內，問，「洛克先生怎麼樣了？」

「唉，之前他說**頭痛**得很厲害，還有些**發燒**，躺在床上好幾天。雖然昨天已退燒，但

臉上卻長了些**紅點**。」洛克太太一面訴說情況，一面忍不住抱怨，「哎呀，為了照顧他，我連到農場**擠奶**的工作也得擱下呢。」

二人來到房門前，濃濁的呻吟聲**斷斷續續**地從門後傳來。洛克太太打開門，只見一個年約三十歲的男人躺在床上。果然，他的臉上長滿了細小的**紅點**。

詹納走到床邊，問：「洛克先生，你哪裏不舒服啊？」

「口裏很痛，連東西也吃不下去了。」洛克先生以**軟弱無力**的手指着嘴巴，**口齒不清**地道。

「請張開口給我看看。」

當對方張大了嘴，詹納就發現其口腔、舌

頭等部位也長出了許多小紅點，而且開始有**化膿**的跡象。

「詹納醫生，他怎麼了？」洛克太太**擔憂**地問。

「唔……」詹納皺着眉頭心忖，「發燒、疲倦、頭痛等都是**感冒**的徵狀，但若口腔和身

體出現小紅點，那恐怕是另一種更**麻煩**的疾病。」

於是他**直截了當**地道出結論：「他可能患上了**天花**。」

「甚麼？」洛克先生聞言，**不可置信**地說，「那個**可怕**的病？」

「怎會這樣的？」洛克太太也不禁掩面痛哭。

當時大家都知道，患了**天花** (smallpox) 就等同半隻腳伸進了鬼門關，令人**聞風喪膽**。

「洛克先生，你需要留在這個房間，直至**出疹**完結。」詹納準備離開，「我會開一些舒緩藥物，讓你不那麼辛苦，另外也會定時過來看你。」

「麻煩你了，醫生。」洛克太太道。

「對了，洛克太太，如果你也出現**病徵**，緊記要通知我。」他叮囑道。

「知道了。」

愛德華・詹納 (Edward Jenner) 在回程的路途上滿腹疑惑，因為天花的**傳染度**極高，洛克先生患上此病，但洛克太太卻似乎未受感染，箇中有甚麼**玄機**呢？他心想，若知道原因，或許就能找到**根治**這種病的方法，一定要好好研究下去。

事後證明，他的努力並沒白費，其大膽嘗試促使了**天花疫苗**的誕生，為撲滅這個肆虐人類世界千年的病毒奠下基礎。

鄉村醫生

1749年，愛德華·詹納（下稱「詹納」）在英國西南部的**貝克利** (Berkeley) 出生，在家裏九個孩子中排行第八。5歲時父母去世，由繼承教區牧師工作的長兄史提芬及其他姊姊**養育成人**。

詹納小時候與一般**鄉村男孩**無異，喜歡四處尋找小動物，或者挖掘奇特的化石。7歲時，他被送往一所**私立學校**，學習拉丁文等基礎知識，7年後就在鎮內一名**醫師**門下當**學徒**。此後7年他每天都跟着師傅，協助醫治病人和派送藥物。

1770年，21歲的詹納終於**滿師**。不過他沒

立即執業，而是到倫敦跟隨當時著名的外科醫

生亨特*學習**解剖學**與**外科醫學**。那時亨特

在聖喬治醫院工作，他讓學生接觸各種病人，

還有透過**解剖**人類與其他動物的屍體，以了解

*約翰‧亨特 (John Hunter，1728-1793年)，蘇格蘭外科醫生。

其構造及進行**比對**。有一次，他們來到做手術用的大房間，看到檯上躺着一具**屍體**。

「這次又是解剖人體嗎？」一個學生問。

「不知何時才讓我們替**活生生**的病人做手術呢？」另一個學生則期待地說。

「我倒覺得那很**辛苦**呢。」詹納回憶道，「以前我協助故鄉的師傅做手術，那些病人不但**大吵大鬧**，還會**拚命掙扎**，我要出盡九牛二虎之力才能按住他們啊*。」

「我也聽說過，他們接受手術時不但會**痛得打滾**，甚至可能**逃跑**啊！」一名學生煞有介事地說。

「逃跑？」

*18世紀仍未有麻醉技術，病人須在清醒狀態下看着醫生動刀，並忍受無比的痛楚。

40

「逃到哪？」

「但不做手術會**死**的啊。」

「就算做手術也未必能**活**吧。」

眾人**七嘴八舌**地討論着。這時，一個聲音打斷了他們。

「所以做手術要**快、狠、準**！」

學生回過頭來，就看到亨特醫生提着一個

手提包走進房間。

「做得慢，不但令病人痛苦，若血流得過多也會更易死去。」亨特**嚴肅**地說，「此外，要準確**切除**有病的部位，首先須清楚人體構造，所以才用不會掙扎和感到痛苦的屍體來讓大家**認識器官**，一會兒大家要仔細看清楚我如何做。」

「是！」學生們齊聲回應。

經過 3 年，詹納不但學到豐富的醫學知識與經驗，更獲亨特**賞識**，被邀留在倫敦的醫院工作。不過他**婉拒**了老師的好意，決定返回家鄉貝克利**行醫**，風雨不改地救治病人。

另外，他在努力工作之餘，暇閒時也會**觀察**各種動物，深入研究其特性。他曾經四處尋找鳥巢，以探究**布穀鳥***奇特的生活習性。

布穀鳥在繁殖下一代時，會先找尋剛生了蛋的雀鳥，趁對方外出就悄悄在其巢中**下蛋**。那些雀鳥回巢後**不虞有詐**，便替其孵蛋。由於布穀鳥的幼雛較早出生，並會本能地將其他蛋擠出巢外殺死，**獨佔**生存機會。可憐那些蛋的親生父母卻**懵然不知**，把布穀鳥幼雛當成

*布穀鳥 (Cuculus canorus) 又稱「大杜鵑」，是杜鵑科杜鵑屬鳥類，在亞洲、歐洲和非洲都見其蹤影。

唯一倖存的子女繼續哺育下去。

天啊！
竟然會這樣！

　　1788年，詹納發表有關研究，並因此於次年成為**英國皇家學會**的成員。同時，他認識其他生物的習性也令自己對動物疾病了解得更深，為對付天花開闢一條新道路。

　　究竟天花有多可怕，令人**聞之色變**？在繼續故事前，先說說這恐怖疾病的底細吧！

預防天花之法——
疫苗接種

天花由**天花病毒**引發，主要經空氣及接觸患者分泌物傳播。患者在感染七至十天後出現頭痛、肌肉痠痛、發燒、噁心甚至抽搐等與**感冒**相似的病徵。兩三天後症狀**消退**，然而可怕的時刻才剛剛開始。病毒會攻擊皮膚細胞，令患者的口腔出現**紅色皮疹**，再蔓延至臉部及

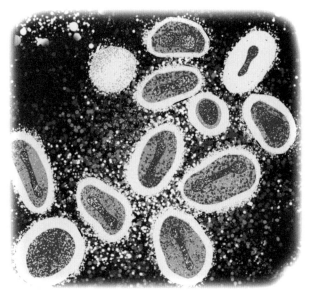

全身。接着皮疹變大，形成**膿疱**。這些膿疱對皮膚造成擠壓或潰瘍，流出液體，不但令患者深感痛楚，傷口更使其食不下嚥。大約兩週後病毒逐漸消退，膿疱開始**結痂**，造成一個個凹陷的**坑疤**。

患病期間，病人會因各種嚴重**併發症**如發燒、內臟出血等而死亡。就算痊癒了，其身體和臉部都會留下醜陋的**疤痕**。若膿疱生長至眼睛附近，更可能導致**失明**。

科學家追蹤源頭，估計天花首先出現於**中亞**與**非洲**地區。他們從**古埃及**法老拉美西斯五世的木乃伊遺體找到許多膿疱**痕跡**，由此推斷這位生活於公元前一千多年的法老生前患有天花，是目前人類出現此病的最早**實質證**

據。

之後病毒隨商旅貿易傳向四方八面，古印度、中國和日本都有文獻記載*，天花瘟疫引發大規模死亡的情況。至於歐洲在中世紀受天花與鼠疫桿菌引發的黑死病蹂躪，人口一度大幅銳減。到16世紀天花已成了歐洲的流行病，每年約有數十萬人死於此症。隨着航海家發現美洲等新大陸，更使病毒傳至這些地區。

雖然天花猛烈，但古人亦非毫無對策。他們發現患者痊癒了就再也不會染疫，於是嘗試將其膿疱內的漿液或其組織注入健康人士的體內，以產生局部感染而獲得免疫力。這方法稱為「人痘接種」，據說詹納在8歲時就接種

---

*古代中國稱天花為「痘瘡」，估計於公元1至3紀從印度傳至中國西南部，並不斷擴散開去，至公元8世紀時更在日本引發大型瘟疫。

了人痘。

▶公元10世紀的中國人把天花病人結下的乾痘痂研磨成粉以作疫苗，吹入接種者的鼻子裏。若是男孩就吹入右鼻孔，而女孩則吹到左鼻孔中。

只是，人痘接種仍有**風險**。接種者可能因此患上天花，出現嚴重徵狀，更有機會向外**散播疫病**。故此方法雖流傳多年，但始終未能遏止天花的侵害。

如開首所述，詹納面對這棘手的疾病時也顯得**束手無策**。不過他並沒氣餒，反而注意到有些人不會染病，又想起以前從其他工人聽

48

過的傳聞：「只要感染了**牛痘**，就不用怕會患上天花。」牛痘是一種在牛身上出現的傳染病，許多女工都在**擠奶**時受到感染。牛痘引發的病徵與天花的有點**相似**，也會令患者的皮膚長出膿疱，但其程度卻**輕微**得多。

詹納由此漸漸產生一種想法。若將牛痘接種在人們身上，那些人之後會否不再染上天花呢？他**苦思冥想**，卻得不到確切的答案。那時他想起與老師亨特通信時，對方曾勸告自己：「為何只思考，而不**試**一下？」於是，他決定進行一項大膽的**嘗試**。

1796年5月，女工**莎拉‧內爾姆斯**(Sarah Nelmes) 在替奶牛「小花」(Blossom) 擠奶時，不小心感染了**牛痘**，手臂上出現了數個如小疙瘩般大的膿疱。詹納醫生替她診症後，就提出一個**古怪的要求**。次日，她又來到詹納的診所，並看到一個年約8歲的小男孩。

「內爾姆斯小姐，我來介紹一下。他叫**詹**

姆斯*，是我家園丁的兒子。」詹納搭着男孩的肩頭道，「詹姆斯，向對方**問好**吧。」

「午安，內爾姆斯小姐。」詹姆斯小聲地說，臉容有些**繃緊**。

「那麼我們開始吧！」詹納解開莎拉手臂上的繃帶，露出了泛紅的**膿疱**，「忍一忍，會有少許痛。」

說着，他用小刀輕輕**割開**其中一個膿疱，讓刀鋒沾上一些**膿汁**，然後把刀伸向男孩。

「詹姆斯，過來吧。」

男孩**順從**地走到詹納身旁，挽起衣袖，露出白皙的幼小手臂。詹納便把小刀在其臂上劃出一道約1厘米的**傷口**，將膿汁擠入體內。他

*詹姆斯・菲普斯 (James Phipps，1788-1853年)。

向對方安慰道：「別怕，很快就完成了。」

　　當**接種**完畢，莎拉便離開診所，而詹納的工作才正式開始。

　　他將小男孩送回家中，一直觀察着情況。數天後，詹姆斯感到頭痛、腋窩疼痛和食慾不振，幸好這些症狀過兩天就**消退**了，其手臂的

接種處也結了痂。7月1日，詹納從一個天花病人取得膿液，再將之注進詹姆斯體內。結果，男孩**沒有發病**。

詹納選擇小孩作為實驗對象，估計其中一個原因是，抵抗力較低的兒童在當時為天花的**主要受害者**。為取得更多數據，他繼續替其他人（包括自己的兒子）接種牛痘，其後再將天花膿液注入他們的身體。他發現絕大部分人都沒出現天花病徵，由此證明接種牛痘的確能**預防天花**。

1798年，詹納將各**個案**寫成《關於牛痘接種原因及結果之研究》*，並將報告送至**皇家學會**發表。可惜當時大多數醫生與學者都

*《關於牛痘接種原因及結果之研究》(*An Inquiry into Causes and Effects of the Variolae Vaccinae, a Disease, Discovered in some of the Western Counties of England, particularly Gloucestershire, and Known by the Name of The Cow Pox*)。

不相信其説法，認為動物的疾病沒可能醫治人類，有些人更**抨擊**他以人類做實驗是**不道德之舉**。不過詹納並沒放棄研究，並於1799年及1800年再發表兩份後續研究報告，此後才漸漸

獲得人們支持。

由於成功個案不斷增加，詹納的研究引起政府關注。1801年，英國皇家海軍決定全面接種牛痘。次年英國議會將1萬英鎊獎予詹納以表謝意，5年後又追加2萬英鎊。另外，其他國家亦紛紛仿傚，提倡接種疫苗，更設立專門船隊將剛種了牛痘的人送至美洲，以取其痘漿為當地人接種。

事實上，早於詹納試驗約20年前，一個叫潔斯特*的農民已用縫衣針將牛痘膿液劃進妻兒的皮膚去預防天花。但由於他沒替妻兒注入天花病毒，實驗不算完整。所以，詹納才被視

*班傑明・潔斯特 (Benjamin Jesty，1736-1816年)，居住於英國西南部多塞特郡的農民。

為首個將牛痘接種應用於**醫學操作**的人。

　　這套預防天花的方法成為醫學史上的里程碑。英文「vaccination」本指「牛痘接種」，源於拉丁文「vacca」(即是「牛」)。後來法國化學家**巴斯德***為紀念這大發現，就擴展該詞的意義，此後vaccination便用於表示一切「**疫苗接種**」。

　　經過百年努力，20世紀初因感染天花而死的人數已大幅下降。隨着**醫療**、**冷藏**、**交通運輸**等技術不斷進步，加上人們成功研製出耐熱的**乾燥疫苗**，各國政府在1959年的世界衛生大會決議要**根除天花**。人們將疫苗送至全球出現此病的地方，務求替有需要的民眾

*欲知巴斯德的生平故事，請參閱《誰改變了世界》第1集。

施打疫苗。

　　1977年，索馬里的一位廚師感染天花後痊癒，成為最後一個案例。1980年，世界衛生組織宣佈天花終於**絕跡**，天花成為歷史上唯一在人類操作下被完全消滅的疾病。

現代自然地理學之父
亞歷山大‧馮‧洪堡

轟隆隆隆！

一陣震耳欲聾的**爆炸聲**突然從窗外響起，地板還傳來輕微震動。屋內的人們立即跑至陽臺，竟看到遠處的山頂噴出**熊熊火光**和濃密的**煙塵**，將天空染成一片灰紅。滾燙的岩漿不斷從火山口噴湧而出，慢慢流向山下。

「哇！是**火山爆發！**」

「**很危險！**」

「**快跑！**」

　　正當人們的驚叫聲**此起彼落**，一個更響亮的興奮聲音卻「**突圍而出**」。

　　「很厲害啊！」一個男人嚷道。他瞪大眼睛，雙手緊抓欄杆，身子不斷伸出陽臺，「真幸運，竟能親眼看到**維蘇威火山***爆發！」

---

*維蘇威火山 (Mount Vesuvius)，位於意大利東南部的一座活火山。

說着，就轉身衝往門口。

「洪堡先生，你去哪裏啊？」有個年輕人急問。

「還用說嗎？當然是走近一點看個清楚吧！」那個叫洪堡的男人頭也不回地叫道，「機會難得啊！」

不一會，他已騎着馬盡量靠近山腳觀察，只見火山灰和熔岩已摧毀了數個葡萄園，四處冒出火光。他這才意識到危險，急忙退回安全地方。

數天後，火山終於靜止下來，洪堡就與該年輕人爬上去，只見一片荒蕪，但也找到數棵倖存的櫟樹。

「這些櫟樹與南美洲的品種有些相似

呢。」他看着那些樹木喃喃自語。

「品種相似？」年輕人問。

「對。」洪堡望向四周說，「這裏的高度與南美安地斯山脈接近，所以才長出類似的植物呢。」

時值1805年，**亞歷山大‧馮‧洪堡***(Alexander von Humboldt) 剛完成漫長的南美洲探險之旅近一年了。他四處遊歷，研究地質與氣象，還蒐集各種動植物，進行比對分析，以鑽

*或譯作「洪堡德」。

研大自然的**規律**。

　　他深信大自然是一個**整體**，存在於當中的一切事物皆互相影響。若要分析箇中道理，不能只偏於某一方面，須**聯繫**各項科學知識。這種在當時非常**嶄新**的觀點，對後世的**地理學**與**生態研究**發展作出了重大貢獻。

貴族的童年生活

1769年，亞歷山大·馮·洪堡（下稱「洪堡」）於柏林出生，上有一個叫威廉的哥哥*。父親原是**普魯士王國***的一名軍官，因其軍功而得到國王信任，獲封為宮廷侍衛長。只是，他在洪堡9歲時驟然**逝世**，由妻子接手龐大的遺產與家族事務。

與樂天和擅長交際的父親不同，洪堡的母親瑪麗生性**嚴苛**，**不苟言笑**。她聘請最優秀的學者，對年幼的兒子施以**嚴格教育**，讓他們學習拉丁文、歷史、哲學、經濟、博物學等。

*弗里德里希·威廉·克里斯蒂安·卡爾·費迪南·馮·洪堡 (Friedrich Wilhelm Christian Carl Ferdinand von Humboldt，1767-1835年)，普魯士著名的學者與政治家，積極推動普魯士教育，並創辦柏林大學。
*普魯士王國 (Kingdom of Prussia，1701-1918年)，是德國的前身。

64

哥哥威廉因喜歡文學與歷史，一直埋首學習，博覽羣書。但對洪堡而言，那些東西卻非常**沉悶**。他時常趁機**逃離**，跑到外面收集各種**動植物**與**石頭**。儘管如此，在老師的監督與沉重的課業下，兩兄弟仍汲取大量知識，急速成長。

1787年，二人被送至法蘭克福大學修讀**法律**、**行政**與**經濟**。翌年哥哥先行前往哥廷根大學進修，至於洪堡則再過一年才到那裏學習**自然科學**與**數學**。

　　1790年，19歲的洪堡與友人福爾斯特*遊歷歐洲。他們到達**英國**時，結識了許多博物學家與探險家，得以**開闊眼界**。有一次二

*喬治・福爾斯特 (Johann Georg Adam Forster，1754-1794年)，德國自然歷史學家、旅遊作家與記者。

人在倫敦泰晤士河畔散步時，看到許多船隻或航行，或停泊在碼頭。洪堡看見此情景，更對遠洋旅行**心生嚮往**，希望有朝一日能親身**探索**這個世界。

同年，洪堡到漢堡的商學院學習**金融**和**經濟學**。只是他對那些科目**興趣缺缺**，常用空暇時間鑽研**科學論文**和**旅遊書籍**，並學習丹麥文和瑞典文。

1791年，他入讀弗賴貝格*的礦業學校，學習**礦物知識**與**地質學理論**。他不只從書本汲取知識，亦會實地考察。每天早上，他都到附近的礦場，探究工人的開採方法，甚至親自深入**陰暗狹窄**的礦坑，鑿取岩石

---

*弗賴貝格 (Freiburg)，德國薩克森州的城鎮。

樣本，結果只用8個月就完成學業。

　　畢業後，洪堡直接躍升為礦場檢查員。

工作期間，他發明了一種**礦工燈**，又向

礦工教授許多**安全知識**，並協助**尋找礦**

脈。至1794年辭掉工作，到耶拿*拜訪哥

*耶拿 (Jena)，德國中部城市。

哥，並結識歌德*、席勒*等名士，研究哲學與科學。在他們教導下，他逐漸體認到大自然就像人體般由各部分組成，須互相協力活動，才能使整體運作。

那時，洪堡愈來愈想到世界各地探險，這股渴望直至1796年母親過世時才得以實現。在繼承龐大的遺產後，他着手準備，如購買並學習使用六分儀、氣壓計等儀器、反復閱讀旅行家的遊記、到溫室檢視熱帶植物，還拜訪了許多專家學者。另外，他還攀登阿爾卑斯山脈，冒着風雪以測試氣象儀器，並調查岩質、植物種類分佈等。如此一來，他就能對旅途上的事物加以比較。

---

*約翰・沃夫岡・馮・歌德 (Johann Wolfgang von Goethe，1749-1832年)，德國著名詩人、戲劇家與自然科學家，著有劇作《浮士德》、小說《少年維特的煩惱》等。
*約翰・克里斯托弗・弗里德里希・馮・席勒 (Johann Christoph Friedrich von Schiller，1759-1805年)，德國著名詩人、劇作家、哲學家與歷史學家。

1798年，他在巴黎遇上植物學家**邦普蘭***，二人商定結伴同行。至1799年6月初，他們終於在西班牙港口拉科魯尼亞*，登上帆船「**皮薩羅號**」(Pizarro)，出發到南美洲。

*埃梅・雅克・亞歷山大・邦普蘭 (Aimé Jacques Alexandre Bonpland，1773-1858年)，法國植物學家與探險家。
*拉科魯尼亞 (La Coruña)，位於西班牙北部的沿海城市。

南美的冒險旅程

在乘船時，洪堡已展開**考察**活動。他抓了些水母、海草、魚類，透過顯微鏡**觀察**箇中特質，又**測量**海水溫度或太陽高度，到晚上則用望遠鏡觀察各個星座。

洪堡的美洲
探險路線

北美洲

費城

華盛頓

夏灣拿

墨西哥城

古巴

卡塔
赫納

卡拉卡斯

庫馬納

亞諾斯
平原

安哥斯度拉

波哥大

基多

厄瓜基爾

▲欽博拉索山

南美洲

太平洋

安地斯山脈

利馬

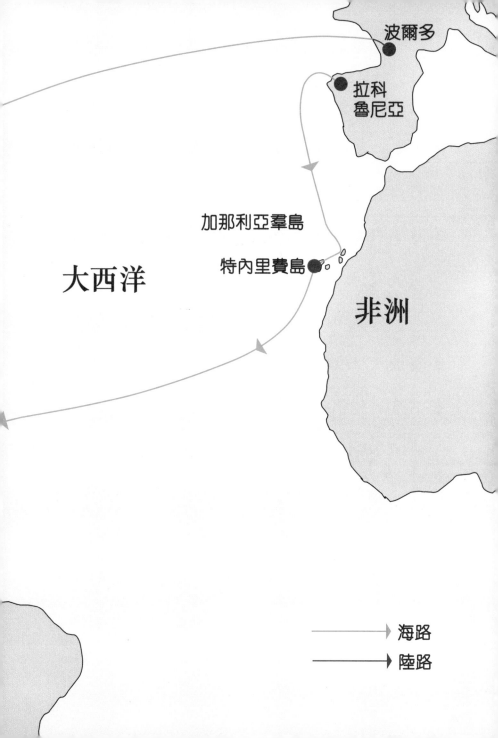

波爾多

拉科
魯尼亞

加那利亞羣島

特內里費島

大西洋

非洲

海路

陸路

當帆船航行2週後，就到達**加那利亞羣島***，並在當中最大的島嶼特內里費島*停泊數天以作**補給**。其間，洪堡與邦普蘭在當地導遊帶領下，登上**火山**「泰德峰」。二人在不同高度的地方，看到各種植物，就像按高度排列似的。及後他們登上峰頂，看到巨型的火山口，即深受吸引。洪堡更將景象畫下來。

1799年7月，皮薩羅號駛至南美洲北部的庫馬納*。當地天氣炎熱，有許多熱帶植物生長其中。洪堡與邦普蘭四處採集植物，將之壓在紙上，製成標本，並與歐洲的植物進行比對。至年末，二人決定深入南美洲內

*加那利亞羣島 (Canary Islands)，位於摩洛哥以西的大西洋海域，是西班牙的自治區。
*特內里費島 (Tenerife)。
*庫馬納 (Cuman á)，委內瑞拉北部的城市。

74

陸，試圖尋找那條傳聞中連結奧里諾科河流域*與亞馬遜河流域的**天然運河**：卡西基亞雷河*。

他們先前往城市卡拉卡斯*。洪堡在當地看到許多森林因開墾農地遭到砍伐，認為那樣會導致大雨更易沖走土壤，令土地耗竭，加速洪水氾濫的機會，斷定將會造成嚴重災害，其觀點說明了森林對生態系統和氣候的作用。

1800年3月，二人進入亞諾斯平原*。平原又熱又乾燥，地表溫度更接近50度，走起路來非常辛苦，**舉步維艱**。大約兩個星期

*奧里諾科河 (Orinoco River)，南美洲第三大河。
*卡西基亞雷河 (Casiquiare river或Casiquiare canal)，位於委內瑞拉境內，連接着奧里諾科河流域與亞馬遜流域。
*卡拉卡斯 (Caracas)，正式名稱是聖地亞哥•德來昂•德•卡拉卡斯 (Santiago de León de Caracas)，現為委內瑞拉的首都。
*亞諾斯 (Llanos，或稱「洛斯亞諾斯，Los Llanos」)，位於現今委內瑞拉與哥倫比亞境內的熱帶草原，在西班牙語即是「平原」的意思。

後，他們到達阿普雷河*畔，並僱請當地原住民**划船**沿河航行，過了十數天就進入寬闊的奧里諾科河*。

眾人在白天行船，晚上則在沙質河岸紮營。途中，他們遇到許多**生物**，除了常見的鱷魚和猴子，還有美洲豹、水豚、巨蚺等。洪堡更捕捉多條電鰻，探究其**發電原理**。

*阿普雷河 (Apure River)，委內瑞拉西南部的河流。
*奧里諾科河 (Orinoco River)，南美洲第三大河。

另外又採集各種動植物，以及考察當地殖民者、傳教士與原住民的**生活模式**，作為日後研究參考之用。

5月，他們終於到達卡西基亞雷河口。他們**沿河前進**，結果發現該河與亞馬遜河流域分支之一的內格羅河**連結**。換句話說，卡西基亞雷河的確連結著南美洲**兩大流域**。完成「任務」的眾人沿河北上，回到奧里諾科河，之

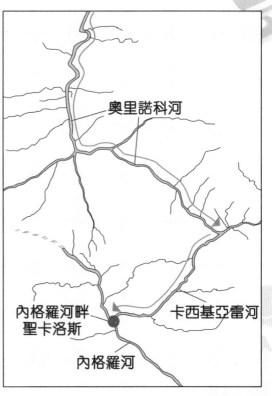

奧里諾科河

內格羅河畔
聖卡洛斯

卡西基亞雷河

內格羅河

後一路前進，抵達城鎮安哥斯度拉。

　　這段旅程經過75天，航行了1400哩（約2253公里）。途中，洪堡寫下許多**筆記**，並繪畫出詳盡的**地圖**，以具體了解那片茂密叢林內的真實情況。

　　洪堡與邦普蘭帶着眾多**收藏品**，至8月返回庫馬納，並乘船至**古巴**逗留數月，再於1801年3月再度返回南美，在卡塔赫納*上岸。這次二人取道陸路，攀登**安地斯山脈**。途中他們在波哥大*拜訪著名植物學家穆蒂斯*，又把收集到的植物樣本與對方的收藏作**比對**，得到更清晰的**數據資料**。

　　1802年1月初，兩人抵達高原城市基多*，

*卡塔赫納 (Cartagena)，哥倫比亞西北部的城市。
*波哥大 (Bogotá)，現為哥倫比亞的首都。
*荷西·塞萊斯提諾·穆蒂斯 (José Celestino Bruno Mutis，1732-1808年)，西班牙植物學家與神父。
*基多 (Quito)，現為厄瓜多爾的首都。

計劃登上皮欽查火山*、安蒂薩納火山*考察，至6月便着手準備**攀登**高聳的死火山「欽博拉索山」*。之後他們繼續前行，10月時抵達利馬，沿海路經過厄瓜基爾，再前往**墨西哥**探究當地**生態**，還有著名的阿茲特克文明。

一年後，他們起行到美國**費城**，再乘馬

---

*皮欽查火山 (Volcano Pichincha)，位於厄瓜多爾的活火山。
*安蒂薩納火山 (Volcano Antisana)，位於厄瓜多爾的火山。
*欽博拉索山 (Chimborazo)，位於厄瓜多爾，是其最高峰，一座圓錐形的死火山。

車抵達最後一站——華盛頓。在總統謝佛遜*的邀請下，洪堡到白宮與其見面。二人一見如故，連日討論科學、政治和經濟。1804年6月底，洪堡就與邦普蘭乘船到法國波爾多，結束漫長的美洲旅程。

*湯瑪士・謝佛遜 (Thomas Jefferson，1743-1826年)，美國第三任總統。

自然的和諧——
編修地理學鉅著

南美探險之旅歷時超過5年，洪堡與邦普蘭帶回數十本**筆記**和數百幅素描，另有大約6萬件標本，當中涵蓋近6000個物種，收穫驚人。

歐洲學者都為他們的成果感到鼓舞，巴黎植物園邀其**展示標本**、法國經度局亦採用其**地理測量方式**，還複製地圖使用。洪堡也獲邀到法國科學院演講，述說其探險活動。

只是，比起在室內思考理論，他更喜歡**田野調查**，1805年3月就與化學家給呂薩

克*到意大利旅行。他們先暫留於**羅馬**，數月後前往**那不勒斯**，考察**維蘇威火山**，更親眼見識到火山爆發的威力。如開首所述，洪堡被火山吸引，更冒險近距離地觀察爆發現象。

及後他們北上**佛羅倫斯**和**米蘭**，跨越阿爾卑斯山，於11月返回睽違多年的家鄉

柏林。此後，洪堡運用其旅行經歷和在各地蒐集所得的資料，潛心

*約瑟夫・路易・給呂薩克 (Joseph Louis Gay-Lussac，1778-1850年)，法國物理學家與化學家。

鑽研，撰寫出多部著作。

　　當中在1807年出版的《植物地理學》*裏，洪堡繪出了「自然繪圖」(Naturgemälde)，利用「**垂直植被帶**」顯示山脈在不同高度下出現的植被差異。

所謂「植被」，就是地球上某一區域覆

*《植物地理學》(Essay on the Geography of Plants)。

83

蓋全體植物的總稱。一般來說，不同地區如熱帶雨林、熱帶草原、針葉林、荒漠等的植物分佈都不同。可是，洪堡發現有時兩個物種若身處地域的高度接近，就具有相似的特性。譬如加拿大山區的針葉樹與墨西哥高原的品種，兩者處於位置雖南轅北轍，但其外形特質卻十分相近。

另外，1817年他發表了〈論等溫線和地球溫度分佈〉*，創出「等溫線」一詞。在地圖上，若把同一水平面、空氣溫度相同的地方以點表示，再將之連起來，那條線就是「等溫線」。此外，他在其他文章亦創出其他新概念和詞彙，例如等壓線，也就是

* 〈論等溫線和地球溫度分佈〉（*On the Isothermal Lines and the Distribution of Heat on the Earth*）。

將地圖上相同氣壓的點連成一線而成。如此一來，人們就能清楚看到不同氣溫與氣壓的分佈。

前人收集氣象數據，通常只會逐區記錄各項資料，並表列出來。雖然詳細，但難作跨區比較，更遑論從大範圍分析現象。洪堡則利用圖像突破限制，以連線將不同區域的資料統合起來，令人更易了解整體的發展趨勢。他更表示同緯度地區的氣溫未必一樣，會受區域高度、距海遠近、風勢等地理因素影響而出現差異。

直到現在，這些概念仍在氣象學或地質學等範疇上使用，可見其影響深遠。

1829年，60歲的洪堡仍精力充沛，決定

▲圖中紅線是攝氏10度的等溫線，通常用於劃分北極區域。

展開最後一次**長途旅行**。他獲俄國政府邀請，在哥薩克騎兵保護下，乘馬車橫越**俄羅斯**的廣大土地。期間，他一方面到礦場協助尋出**鑽石**，令皇室歡喜不已。另一方面，他在各處進行**測量**，並與隨行的科學家**蒐集**植物與礦物樣本。最後，他更遠抵中國邊境的**蒙古**，造訪駐守當地的軍官後才折返，實現其遊歷歐亞大陸的心願。

洪堡豐富的經歷與學識，令他成為一眾年輕科學家的**偶像**。許多人都想與之見面，當中包括著名的英國生物學家達爾文。

1842年，70多歲的洪堡陪同國王前往英國。年青的達爾文**緊抓機會**，終於能與對方見面。只是據其憶述，洪堡一見到他，即**滔滔不絕**地說了數個小時。其間他根本無法插嘴，感到有點**厭煩**，甚至想到自己是否有點期望過高了。

不過，這位**喋喋不休**的老人家卻很喜歡與年輕人相

處，以求保持**靈活**的思維。他更不會自滿，時常到大學講堂，靜靜地坐於一角，聆聽年輕教授的演講，汲取新知識，還一邊聽一邊抄筆記，與一般學生**毫無二致**呢！

1845年，洪堡完成了《宇宙》*的首冊。這套書將他多年來的知識與見解彙編起來，上朔宇宙，下至地球生態，都一一涵蓋。當中他重申大自然是一個**活着的系統**，各種生命與現象交織成複雜的關係網，互為影響。這種觀點促成後世建立**生態**與**環境學**的研究，讓大家從**宏觀**的角度去看待彼此身處的世界。

---

*《宇宙》(Cosmos: A Sketch of a Physical Description of the Universe)，共有5冊。從1845至1862年陸續出版，當中第五冊在其1859年逝世後才出版的。

博弈與電腦的開拓者
馮 • 紐曼

　　警方接報，普林斯頓華盛頓路附近發生了一宗**交通意外**。兩名警察到達現場，就看到一輛福特汽車停在路邊一棵樹前，車頭還有些凹陷。他們趕緊上前查看，卻發現肇事司機是一位**老熟人**。

　　「唉，教授，又是你。」

　　「噢，是史密斯先生和洛克先生。」車內一名年約30多歲、西裝筆挺的男人**從容**地道，「抱歉呢，又要麻煩你們了。」

「都說了多少次，請別在駕車時看書。」史密斯看到方向盤上竟擱着一本書，不禁搖頭歎息。

「還有別想東想西，要專心些啊。」洛克也沒好氣地補充，又查看車內情況問，「你沒事吧？」

「我沒事，只是剛才突然想起愛因斯坦教授的量子糾纏問題，就忍不住拿出數據來看。」馮·紐曼慢慢下車，並準備滔滔不絕地說下去，「你知道嗎？那其實是——」

「請別說下去，我們聽不明白。」洛克及時打斷道。

史密斯見對方沒大礙，便寫下罰單，道：「馮·紐曼教授，這是告票，請準時繳款。還

有，駕車時請**專心**和**小心**些，否則會危害到自己和其他人的。」

「嗯，我明白的。」

話雖如此，兩名警察卻十分清楚，這位普林斯頓高等研究院的學者根本沒聽進勸告，他的內心只有那些**複雜**的算式與理論，恐怕在不久的將來又要二人來收拾善後了。

不過，這位**約翰．馮．紐曼** (John von Neumann) 教授看似冒失，但其實頭腦異常明晰，其**聰明才智**絕不比愛因斯坦遜色。他的研究範疇非常廣泛，**數學**、**電腦**，甚至是**經濟學**方面皆有涉獵，而且在各領域作出了重大貢獻。

記憶超羣的神童

1903年，約翰・馮・紐曼（下稱「馮・紐曼」）於匈牙利的**布達佩斯**出生，家境富裕。他是**長子**，下有兩個弟弟。

父親麥克斯・馮・紐曼是一位出色的銀行家，收入豐厚。由於他常與其他國家的客戶往來，深知**語言**的重要性，遂聘請不同國籍的保姆和家庭教師照料孩子，讓她們教授**英語**、**法語**、**德語**等。由此馮・紐曼自小就學懂多國語言，據傳他6歲時就能用**古希臘語**與父親對話。

另外，麥克斯的文化修養甚高，喜歡看書，更會作詩。有次一個莊園主人失明了，便

將家中藏書**公開拍賣**。麥克斯毫不猶豫地買下所有書籍，並在家附近建造一個大書室，供自己和家人隨意**閱讀**。於是，馮‧紐曼整天沉浸於書海中。除了科學書，他也很喜歡看歷史書，曾將德國歷史學家永克恩*的45冊《世界史》從頭到尾「**啃掉**」，連剪髮也忘掉了。

而且，他只要看過一次，就能記住書裏的

*威廉‧永克恩 (Christian Friedrich Georg Wilhelm Oncken，1838-1905年)，德國歷史學家，曾於德國基森大學教授歷史。

一字一句，並隨時**一字不漏**地說出內容。這種**過目不忘**的本領令他對大部分歷史事件**瞭如指掌**，絕不下於其他歷史專家。日後，馮·紐曼得以靈活運用這些歷史與社會知識，在**政治事務**上參一腳，發揮影響力。

此外，其父麥克斯經常接觸工廠企業的客戶，有時會將**樣品**帶回家，讓兒子們開開眼界。之後在吃晚飯時又會一起**討論**有趣的話

題，諸如文學、經濟、科學或社會新聞，讓他們發表意見，開發思維。有一晚，他們就談到一部特別的**織布機**……

「爸爸，你帶回來的那部**雅卡爾織布機**很有趣呢。」三弟尼古拉斯道。

「對啊。」二弟米高也說，「只要依次輸入一塊塊**打孔卡**，就能讓織布機自動在布上織出美麗的圖案。」

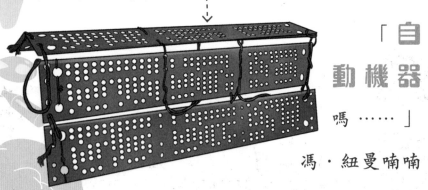

「**自動機器**嗎……」

馮·紐曼喃喃自語，心中對其**念念不忘**。

雅卡爾織布機在大約80年前啟發了**巴貝**

奇設計出複雜的計算機器——**分析機***。有説它也可能是令馮·紐曼日後對**電腦**產生興趣的契機之一。

1911年，馮·紐曼入讀精英學校——路德教會中學，隨即展露其**才華**，幾乎所有科目的成績都十分**優異**。有時，同學們詢問他一些複雜的數學問題後，他便集中精力思考，口中**唸唸有詞**，不一刻就想出答案，並巨細無遺地解説出來。

後來，校長察覺到其**數學天賦**，決定請大學教授向這個天資聰穎的學生**額外授課**，讓他學習更多知識，而且費用全免。於是，馮·紐曼每週都**樂此不疲**地與對方討論各種

*欲知巴貝奇如何利用雅卡爾織布機設計分析機，請看《誰改變了世界？》第3集。

高等數學課題，17歲時更與其他教授聯合署名

發表論文，並刊登在《德國數學學會雜誌》*

上。

博弈論的建立

1921年，18歲的馮·紐曼於中學畢業。他原本希望在大學修讀**數學**，但父親卻認為單靠數學賺不了錢。兩人拉鋸了一段時日，最後決定先學習較實用的**化學**。於是他到柏林大學學習，兩年後轉至瑞士的**蘇黎世聯邦理工大學**，期間科目成績全優。

不過，他並沒放棄學習數學的想法，在修讀化學期間跟隨數學教授上課，不但沒落後於人，更反而**遠遠超前**了。

有一次，一位數學教授在課堂上提及一個未解的問題，學生聽到後皆默默無語。當時馮·紐曼也沒作聲，只是嘴巴卻不斷**翕動**，眼

101

晴呆呆地看着前方，坐在位子上一動也不動。至下課大家準備陸續離開時，他突然直接走到講台的**黑板**前，寫下滿滿的**算式**，就這樣解決了那道問題，令眾人驚訝不已。

可是，馮・紐曼有個令人頭痛的問題。由於他常常在心裏**思考**各種事情，**注意力不**

集中，以致做化學實驗時經常不慎打破玻璃器具……

「哐啷」一聲響起，講師停下話來，與其他學生**不約而同**看向實驗室一角。

「唉，馮·紐曼先生，這次你又**打破**了甚麼？」講師沒好氣地問道。

「一枝盛了氫氧化鈣溶液的試管。」馮·紐曼**實話實說**。

「你們快去收拾，小心玻璃割手啊。」講師擺擺手，然後**若無其事**地繼續授課。

馮·紐曼身旁的同學一邊幫忙掃走玻璃，一邊皺着眉頭低聲問：「這次你想甚麼想到入神啊？」

「我沒想甚麼，只是一時**手滑**而已。」他

老實地說。

「嘿，看來這個月你又**刷新紀錄**了呢！」另一個同學**竊**笑道。

「甚麼紀錄？」

「打破玻璃器具的**賠款紀錄**啊。」

這時，坐在前方的同學也忍不住加入討論，轉過頭來**不滿**地說：「你再這樣下去，我們早晚不夠工具做實驗啦！」

「噢，抱歉呢，下次我會**小心**點。」馮·紐曼聳聳肩道。

「唉。」其他人紛紛**搖頭歎息**，因為他們清楚知道那是**難比登天**的事情。

雖然馮·紐曼做事有時十分**冒失**，但其學習能力是**不容置疑**的。他一方面學習化學，另一方面研究數學，同時更在故鄉的布達佩斯大學註冊，攻讀博士學位。只是他幾乎從未去上課，只在考試時露面和繳交論文，卻取得極好的成績，至1926年僅以22歲之齡便成為**數學博士**。其後他在柏林大學獲聘為講師，進行各種數學研究。

1928年他發表了〈客廳遊戲的理論〉*一

---

* 〈客廳遊戲的理論〉(*Zur Theorie der Gesellschaftsspiele*)，英文即是*On the Theory of Parlor Games*。

文，成功以數學方式證明前人提出的「最大最小值定理」(或稱為「博弈論基本定理」)，被視為開創博弈論分析的先河。

「博弈論」或稱「賽局理論」，是對人們競爭時所做的理性預測及實際行為進行分析，並研究出最佳的策略。每個人為達成各自的目標或獲取最大利益，便會採取不同的行動。彼此或互相合作，或背叛對方。

以一個著名的簡單例子說明：在一個男孩和一個女孩面前有個非常美味的**蛋糕**，要怎樣做才能把蛋糕**完全公平**地分給兩人呢？其中一個有效辦法就是讓第一個人去**分蛋糕**，然後讓第二個人**先選蛋糕**。

假設由男孩去分蛋糕，再由女孩先選其中一份蛋糕。

107

為了得到最大塊的蛋糕，男孩必定將之有多大就切多大。只是，由於先選的人不是他，若將蛋糕切成一大一小的分量，那麼接下來先選蛋糕的女孩必定拿走較大的一塊，這樣男孩就得不償失了。

故此，男孩會儘量將蛋糕各分一半。這樣他就起碼得到一半分量的蛋糕，那亦是其最大得益。

　　1929年，26歲的馮‧紐曼在**柏林大學**工作了三年。接着轉至**哥廷根大學**做博士後研究，跟隨大數學家希爾伯特*學習，並在數學界**嶄露頭角**。

　　他曾對朋友說過，人一旦過了26歲，數學能力就會不斷**下滑**，僅能靠經驗作一時的

---

*大衛‧希爾伯特 (David Hilbert，1862-1943年)，德國數學家。其研究範圍非常廣泛，如幾何學、數論等，並提出著名的「希爾伯特空間」，成為量子力學的關鍵概念之一。

掩飾。不過他不只沒落後，反而「**愈戰愈勇**」，往後不斷創出更多偉大成果。為此，其朋友都不禁戲謔「理論」被**推翻**了呢。

1930年，馮·紐曼獲邀到**普林斯頓大學**作短期講學，次年更成為該校的終身教授，遂決定留在美國**定居**，不再回德國。雖然他是**出類拔萃**的研究者，但卻不是一位好老師……

「從這裏開始，我們要這樣——」馮·紐曼在黑板前一邊**飛快**地寫着公式，一邊講解內容。

身後的一眾學生則**奮筆疾書**，勉力跟上這位天才教授敏捷的思維，還有其書寫速度。

他寫着寫着，就發現整塊黑板都被填滿

了，於是拿起粉擦，直接將旁邊的內容**擦掉**後就繼續寫下去，此起彼落的**哀號聲**隨即從後響起來。

「啊！我還未抄完！」

「教授！教授！請等一等！」

這位「**不近人情**」的教授果真等了一下，並將之前的解說略為重複一次，之後就沒理會抱怨，繼續說下去了。

馮·紐曼的授課方式令大多天資不夠聰敏的學生**苦不堪言**，因而**劣評如潮**。幸好到了1933年，他獲邀成為普林斯頓高等研究院教授，只進行研究工作，毋須授課。同年，他與女友瑪麗埃塔結婚，並常在家裏開大型派對，還向賓客表演一項**絕技**……

寬廣的客廳裏，十數位男女或站或立，手持酒杯愉快地談話。作為派對主人的馮·紐曼也在人羣中**談笑風生**，努力招待着眾多賓客。

「……那位學生問我怎樣解開那算式題，我就告訴他答案。」他**連珠炮發**般飛快地說，「只是他似乎不滿意，於是我又說一次，但他仍一直在**追問**。天啊，我已用了兩個方法

呢……在腦海中！」

「噗哈！他就是需要你腦內的方法啊！」
一位中年男人被逗得哈哈大笑起來。

這時傳來「叮叮叮」數下清脆的聲音，
只見馮‧紐曼的妻子瑪麗埃塔以小匙敲着玻璃
酒杯。

「噢，又到了**表演時間**。」說着，馮‧
紐曼就放下酒杯，走向妻子身旁。

待四周賓客安靜下來，瑪麗埃塔朗聲道：
「各位，有請馮‧紐曼教授表演他的**拿手絕
技**！」

「好！」賓客們都**歡呼鼓掌**。

「獻醜了。」

馮‧紐曼向四周的賓客輕輕躬鞠，接着他

從小櫃子內取出一本厚厚的「**黃頁**」電話簿*，隨手揭開一頁，上面印有密密麻麻的人名、地址、電話號碼等聯絡資料。他看了數頁內容後，就將簿子交給一位客人。

那名客人大聲說：「第132頁。」

「約翰街02號……」馮 • 紐曼隨即說出當

---

*黃頁 (Yellow pages) 是一種商業社會團體用的名冊與通訊索引，盛行於20世紀。它讓人們方便查閱各地公司、工廠、政府部門，甚至是個人住戶等聯絡資料。由於它以黃色紙張印製，因而得名。

中內容，而且**一字不差**。

「馮‧紐曼教授的本領果然**名不虛傳**。」

「**才思敏捷**，學識淵博，難怪這麼年輕就能當上大學教授了。」

賓客們都對他那**過目不忘**的本領**嘖嘖稱奇**。

另一方面，在普林斯頓生活期間，他進行各方面的研究如算子理論、量子力學等。同時，他也一直探究博弈論，至1944年更與經濟學家莫根施特恩*合寫巨著**《博弈論與經濟行為》***，試圖對經濟學建立一套行之有效的數學模型，因而被稱為「**博弈論之父**」。

*奧斯卡‧莫根施特恩 (Oskar Morgenstern，1902-1977年)，美籍德裔經濟學家。
*《博弈論與經濟行為》(*Theory of Games and Economic Behavior*)。

　　1937年他成為美國公民，與第一任妻子離婚，並於次年與第二任妻子克拉拉成婚。這時，戰爭的**陰霾**已逐漸逼近。

原子彈與電腦

1939年，第二次世界大戰爆發*，歐亞地區陷入戰火之中，不過美國政府在1941年「珍珠港事變」*發生前都仍未正式參戰。鑒於局勢愈趨嚴峻，早於1938年馮·紐曼主動參軍，卻因年齡過高而被拒絕。直至1940年，他獲邀在阿伯丁試驗場*從事科學諮詢工作，研究彈道與炸彈爆破模式。3年後他被委派前往倫敦，以調查和理解英國海軍水雷作戰的效用，出發前更發生了一件趣事。

由於馮·紐曼須乘戰鬥機橫越大西洋，

*早於1937年7月7日中國發生「蘆溝橋事變」，已展開中國抗日戰爭，但大多歷史學家都以1939年9月1日納粹德軍入侵波蘭為第二次世界大戰的開端。
*1941年12月7日，日本軍隊突襲夏威夷的美國海軍基地，造成美軍傷亡嚴重，促使美國正式參與第二次世界大戰。
*阿伯丁試驗場 (Aberdeen Proving Ground)，於1917年成立，是美國歷史最悠久的兵器試驗中心。

能攜帶的行李重量有限。除了衣物，行李箱剩餘的空間都被軍部發給他保命的**金屬大頭盔**佔去了。但由於他想了解更多英國歷史文化，決定帶本

書在當地好好閱讀，遂將頭盔從行李箱拿出來，改而放進一本厚厚的歷史書。

妻子克拉拉見狀，**沒好氣**地道：「哎呀，親愛的，你帶那本書幹甚麼？連頭盔也放不下了。」說着，就取出那本書，把頭盔放進去。

不過馮•紐曼待對方離開後，就**不動聲色**地從行李箱拿出頭盔，再放入書本，**喃喃**

自語：「書就當然是用來讀啦。」

　　只是克拉拉發現時又把頭盔換回去。就這樣，二人不停將頭盔和書本換到行李箱內。直至飛機離開美國後不久，克拉拉才發現頭盔竟仍擱在桌上。結果，馮・紐曼因其堅持而在這場拉鋸戰中取得「**勝利**」！

　　有說馮・紐曼早在美國開戰前，曾建立**博弈模型**分析局勢。他指出盟軍開始時落後，

之後憑藉工業與科技發展而逐漸取得**優勢**。的確，美國在戰爭後期研發**核子武器**與**電腦科技**助其獲勝，而他在這兩項科技新事物上也作過**舉足輕重**的協助。

1943年末，仍身處倫敦的馮·紐曼收到來電，得悉獲邀參加**曼哈頓計劃***。於是他立即返回美國，前往洛斯阿拉莫斯國家實驗室*參與**原子彈**的研發工作。

原子彈是利用物理方式，將鈾或鈈等放射性元素內的**原子分裂**，從而釋放龐大能量，以製造大規模的殺傷力。最初科學家設計原子彈時，採用「槍式」觸發裝置，即利用化學炸

---

*曼哈頓計劃 (Manhattan Project) 是第二次世界大戰期間研發核子武器的一項軍事計劃。由美國主導，英國與加拿大協助計劃完成。
*洛斯阿拉莫斯國家實驗室 (Los Alamos National Laboratory)，於1943年在新墨西哥州建成，是美國進行核子武器研發的兩大國家實驗室之一。

藥將一顆子彈形的鈾元素射到球形的鈾元素，以觸發**核裂變**。後來，物理學家內德梅耶*提出另一種方式，那就是更高效能的**內爆式設計**。

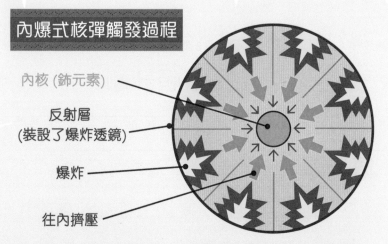

內爆式核彈觸發過程

內核 (鈽元素)

反射層
(裝設了爆炸透鏡)

爆炸

往內擠壓

以「胖子」原子彈為例，其內核是一個球形的放射性物質「鈽」，周圍則放置了炸藥，外面再覆以一個堅固的外殼密封起來。

要令原子彈爆炸，首先須引爆四周炸藥，其產生的爆炸波會被密閉的爆炸透鏡反射到內核，形成內爆。內爆的能量令鈽強烈壓縮，當到達臨界點時，鈽原子就會分裂 (核裂變)，釋出極大能量，並衝破外殼伸延開去。其威力非比尋常，足以摧毀一座城市。

*塞思·內德梅耶 (Seth Henry Neddermeyer，1907-1988年)，美國物理學家。

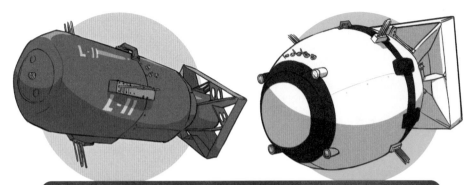

1945年炸毀日本長崎的原子彈「胖子」就是使用內爆式設計，而投在廣島的原子彈「小男孩」則採用「槍式」設計。

爆炸透鏡猶如光學透鏡聚焦光線一般，能導向不規則的爆炸波，使其均勻地擠壓內核，促使核裂變。只是，這牽涉極**複雜**的流體力學計算。雖然理論絕無問題，但實際執行運算卻異常**艱難**，故此有不少同事表示不可行。然而，馮・紐曼**力排眾議**，親自計算複雜至極的爆炸波數值，結果設計出一系列爆炸透鏡，令美軍成功製成內爆式原子彈。

與此同時，他在研發原子彈的過程中見識

到**打孔卡式電腦**的運作效能，由此想起一位奇才，並重新對這種機器產生興趣，更興起將之**改良**的念頭。

　　話説1930年代中期，來自英國的**圖靈***到普林斯頓大學攻讀博士學位。1936年他寫出《論可計算數及其在判定問題上的應用》*一文，當中提及**圖靈機***的構想以及利用**二進制位**數學運算的邏輯過程。次年他進入普林斯頓高等研究院。其間，馮·紐曼認識到這位有點**孤僻**的天才，可能也看過論文，知道有關「可計算數」的內容，並從中窺探出「**電腦**」發展的可行性。

---

*艾倫·圖靈 (Alan Mathison Turing，1912-1954年)，英國數學家、電腦科學家、邏輯學家與密碼分析學家，始創「圖靈機」概念，被譽為「人工智能之父」。
*《論可計算數及其在判定問題上的應用》(On Computable Numbers, with an Application to the Entscheidungsproblem)。
*圖靈機 (Turing machine)，主要提出將人類以紙筆運算的行為類比成一種抽象的數學邏輯機器，由此引申成現代電腦構思的雛形。

　　1944年，二次大戰進入白熱化階段，馮・紐曼正努力進行原子彈與氫彈研究。其間他一度被調至美國陸軍彈道研究實驗室工作，得悉軍方為應付日益**繁複**的彈道計算，早於1943年7月開始打造新型電腦——**ENIAC***，它被譽為史上第一部電子電腦。自那時起，他就時常抽空研究其設計和構造，並表示它仍有**改進**空間。

　　後來，軍方計劃製造更先進的電腦，稱為**EDVAC***，由物理學家莫奇利*與電氣工程師埃克特*設計。不久，馮・紐曼也加入研究行列。1945年6月的一天，他在乘**火車**前往洛斯

---

*ENIAC全稱「Electronic Numerical Integrator And Computer」，亦即「電子數值積分計算機」。
*EDVAC全稱「Electronic Discrete Variable Automatic Computer」，亦即「離散變量自動電子計算機」。
*約翰・威廉・莫奇利 (John William Mauchly，1907-1980年)，美國物理學家。
*小約翰・皮斯普・埃克特 (John Adam Presper Eckert Jr.，1919-1995年)，美國電氣工程師。

阿拉莫斯途中，於車廂內寫了一份筆記，論述EDVAC的**基礎架構**。

之後，他將筆記寄給同事兼負責人戈德斯坦*。戈德斯坦將之整理成101頁的報告發表，那就是著名的《EDVAC報告書的第一份草案》(*EDVAC First Draft Report*)。當中提出儲存裝置與中央處理器分開的概念，形成「**馮‧紐曼架構**」(或稱「普林斯頓架構」)*。

*赫爾曼‧戈德斯坦 (Herman Heine Goldstine，1913-2004年)，美國數學家與電腦科學家。
*有關「馮‧紐曼架構」，請看p131「科學小知識」。

不過事實上「馮‧紐曼架構」的概念並不是馮‧紐曼首創，亦非完全由他獨自建構出來的。

　　另外，電腦的數位編碼方式也有所轉變。以往電腦多採用十進制位，報告書則提出改用對電腦而言更有效率的**二進制位**，也就是只用**0**和**1**兩個數字作運算。新模式奠定了**現代電腦**的基礎，為大部分設計者使用。時至今日，幾乎所有電腦的內儲程式概念依然離不開這架構。

天才的大膽思維

1945年7月16日，美軍在索科羅*東南56公里的托納尼提沙漠*進行試爆活動，代號「三位一體」(Trinity)。這是人類史上首次核爆試驗。

當日，馮·紐曼與同事們待在離爆炸點約10公里範圍外的碉堡觀測站，等候試爆一刻來臨。至清晨5時29分45秒，工作人員引爆原子彈內的炸藥。

爆炸中心點隨即發出極強烈的閃光，其亮度足以使直視的人暫時失明。接着巨大的火球從中心點迅速擴張，一陣比雷鳴更震耳欲聾

*索科羅 (Socorro)，美國新墨西哥州的城市。
*托納尼提沙漠 (Jornada del Muerto)，其名源於西班牙語「亡靈之旅」。

的恐怖**巨響**隨後追至，熾熱的**烈風**襲向各觀測站的眾人，**地動山搖**。及後煙塵與火球一起往上升，形成大到不可思議的**蘑菇雲**。

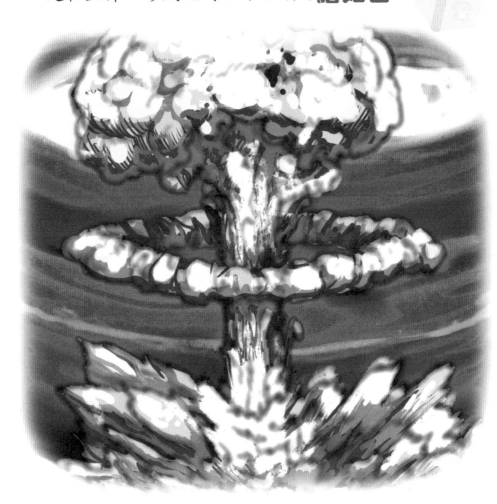

事後探查所得，方圓3公里內的物體都被燒焦，或直接被高溫蒸發掉了。眾人良久不能言語，現場負責人兼陸軍少將法雷爾向其上司格羅夫斯將軍只說了一句話：「戰爭結束了。」

結果，8月初日本廣島及長崎先後被原子彈炸毀，日本宣佈投降，第二次世界大戰正式結束。

原子彈的可怕威力令許多參與研發的科學家心懷憂懼，紛紛遠離軍隊。然而，馮‧紐曼卻十分冷靜，戰後繼續為美國政府效力。他預料納粹敗亡，美國就須提防另一個對手蘇聯，為此主張進一步的核武研發，製造威力更強的氫彈。

另一方面，他展開了**電腦**與**人腦**相關的研究，以提高電腦運算的效率。他預言未來的電腦能**預測天氣**，人類甚至可經其精密計算去控制全球氣候。不過他亦提出要嚴密**監察**使用方式，避免因自私的慾望去干預大自然。

1954年他被診斷出患上**骨癌**，3年後逝世。有說是他數度在較近距離觀察原子彈與氫彈試驗，因而感染大量**輻射**才患病。

馮 ● 紐曼一生以**理性思維**去探究世界，嘗試以**嚴謹精準**的數學模型解釋一切和處理難題，並獲得成功。他曾說過：「如果人們不相信數學**簡單**，只因他們不理解人生有多**複雜**。」

馮‧紐曼架構

最早期的電腦只能執行固定的單一程式，若想改變就須更改整個結構，甚至可能要重新設計機器配置，甚不方便。馮‧紐曼與同事遂改變模式，將眾多程式儲存於記憶體內，到執行時由中央處理器從記憶體快速存取，令電腦能執行多個程式指令。其間電腦可改變程式，甚至執行自我修改程式的運算內容。

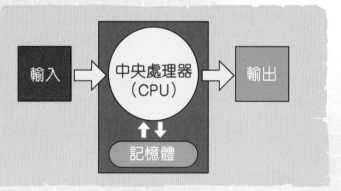

二進制

二進制是以 2 為進位數的計數系統。簡單來說，就是逢 2 進位，故此二進位數只以 0 和 1 表示。這與日常使用的十進位數字在表達方式上不同，但其數值是一樣的，兩者可互相轉換。

例如：

十進制	1	2	3	4	5	6	7	8	9	10
二進制	1	10	11	100	101	110	111	1000	1001	1010

若要將十進位數字轉換成二進位數字，只須把數字不斷以2相除，再將餘數從下而上地排列。如下圖，十進位數字「25」的二進位數就是「11001」。

現代二進制與
《易經》有關？

在古埃及、古印度與古代中國都曾出現類似二進制的數學系統。到 17 世紀，西方學者培根 *、萊布尼茨 * 等先後研究和設計現代二進制位。

其中萊布尼茨自 1679 年已研究二進制，並於 1701 年提交論文，但巴黎皇家科學院卻以看不到該數字系統有用為由拒絕刊登。萊布尼茨並沒放棄，後來透過法國傳教士白晉 * 認識《易經》，發現當中伏羲八卦的卦象與二進制位數字具有某種關連，加以鑽研，到 1703 年在論文增補內容 *。

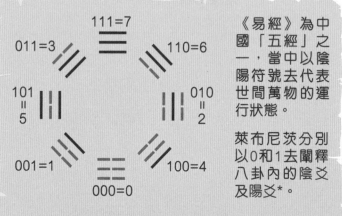

《易經》為中國「五經」之一，當中以陰陽符號去代表世間萬物的運行狀態。

萊布尼茨分別以 0 和 1 去闡釋八卦內的陰爻及陽爻*。

「--」就是陰爻，代表 0。　「—」就是陽爻，代表 1。

*法蘭西斯・培根 (Francis Bacon，1561-1626 年)，英國科學家、哲學家與政治家，致力推動實驗科學。
*葛腓烈・威廉・萊布尼茨 (Gottfried Wilhelm Leibniz，1646-1716 年)，德國數學家和哲學家，在數學、醫學、物理、法律、哲學、語言學、歷史學都有涉獵研究。
*若阿基姆・布韋 (Joachim Bouvet，1656-1730 年，漢名「白晉」)，耶穌會法國傳教士。
*《論只用符號 0 和 1 的二進制算術及其用途，並闡釋其對中國古代伏羲圖的意義》(Explication de l'arithmètique binaire, qui se sert des seuls caractères 0 et 1 avec des remarques sur son utilitè et sur ce qu'elle donne le sens des anciennes figures chinoises de Fohy)
*「爻」音「淆」。